幸福兔的羊毛氈大冒險

暢銷版

初階 3-1

- 附七種動物100%原尺寸版型
- 活潑生動的故事劇情、搭配簡單易懂的教學、輕鬆製作可愛的羊毛氈療癒作品!!

愛幸福文創設計　余小敏◎著

準備材料

作品尺寸高5公分

羊毛氈是以專用的戳針、反覆戳刺羊毛讓羊毛纖維互相纏繞打結而變硬、戳刺的次數越多作品越紮實、次數少則較為蓬鬆、只要依循這個原理、瞭解羊毛特性就能製作出許多紓壓、可愛又療癒的作品呦！

愛幸福羊毛

愛幸福羊毛/色號/需要份量

- 11 主色羊毛/20g
- 06 副色羊毛/少量
- 31 白色羊毛/少量
- 38 黑色羊毛/少量

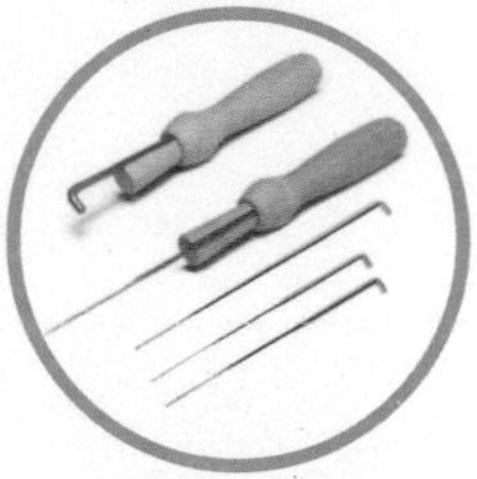

羊毛氈專用
木製單針握柄

準備工具

羊毛氈專用戳針/粗/中/細各一
針頭有鋸齒倒勾設計的專用戳針。

粗針 可快速固定羊毛的基本針、戳完效果較粗獷、戳痕較明顯、需搭配中針、細針修整。

中針 可快速固定羊毛但戳痕較明顯需搭配細針修整戳痕。

細針 留下的戳痕較小、主要用於細節及完成前的精緻化作業。

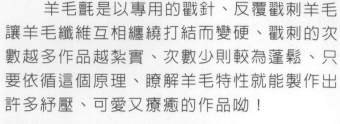

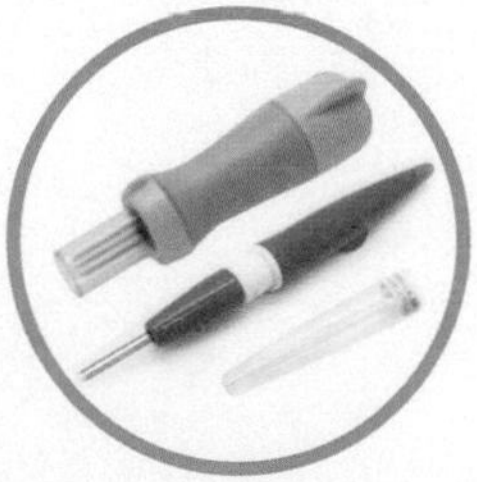

羊毛氈專用
三針/五針握柄

羊毛氈專用三針握柄
可加快三倍針氈速度、戳完的地方較緊實。

羊毛氈專用五針握柄
可加快五倍針氈速度、戳完的地方較平整蓬鬆、針的周圍透明壓克力設計、可保護手指被針戳傷。

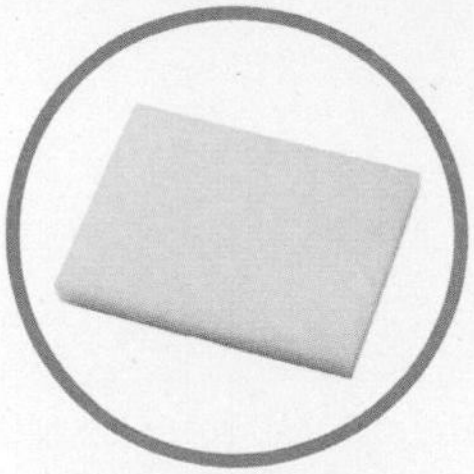

羊毛氈專用
高密度工作墊

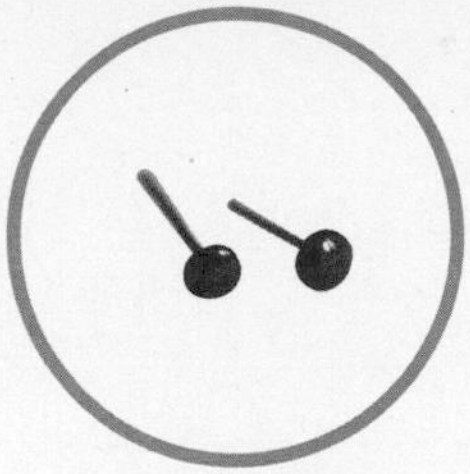

5mm眼睛

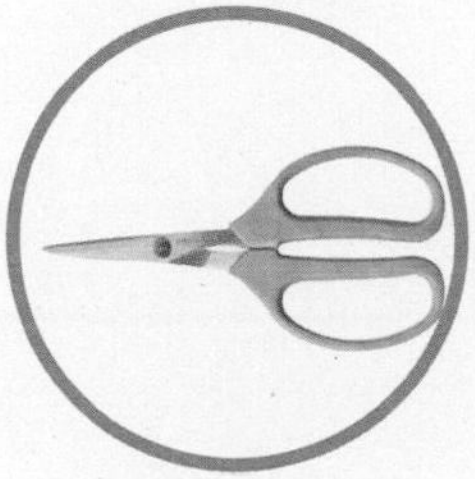

手工藝用剪刀

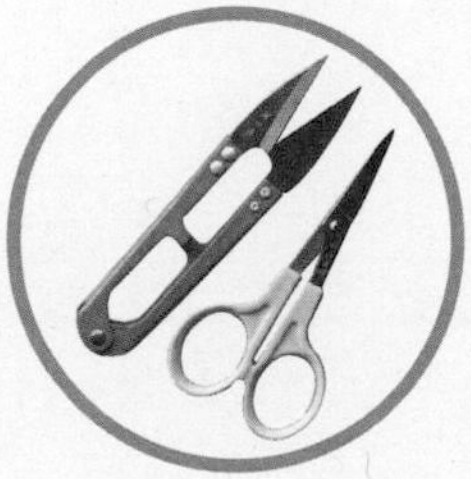

手工藝用剪刀

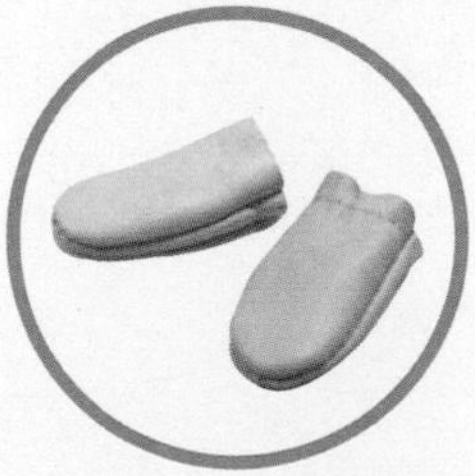

羊毛氈專用指套

羊毛氈專用高密度專用工作墊
針氈羊毛時、用來墊在下方的工作墊、可以均衡下刺的力度並可保護針頭損壞變形。

手工藝用剪刀
裁剪羊毛修飾成品時使用。

羊毛氈專用指套
進行戳氈作業時、用來保護手指的指套。

手工藝專用白膠/少量
固定眼睛時使用。

5mm眼睛/2個

記得要保護好手～
不要讓大魔王咬到了！
會流血呦！

- 請務必在工作墊上進行戳刺作業、可避免戳傷手指和造成戳針損壞。
- 戳針戳入後須以相同方向拉出。
- 以上工具、材料可至以下網址購買：
shopee.tw/mimiyu0315

拯救
冒險兔

愛幸福羊毛/色號/需要份量（可自行挑選喜歡的顏色）

11 主色/4g　**06** 配色/少量　**38** 黑色/少量

製作頭部

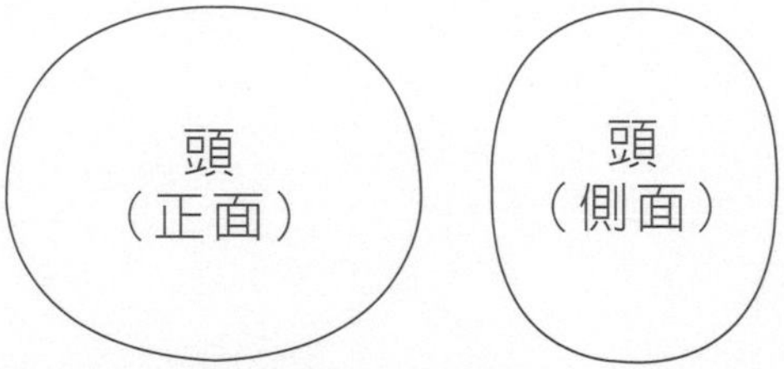

版型比列為1:1
製作時請反覆比對。

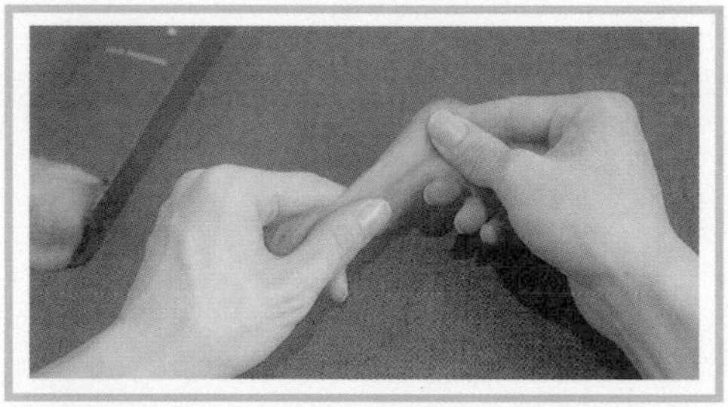

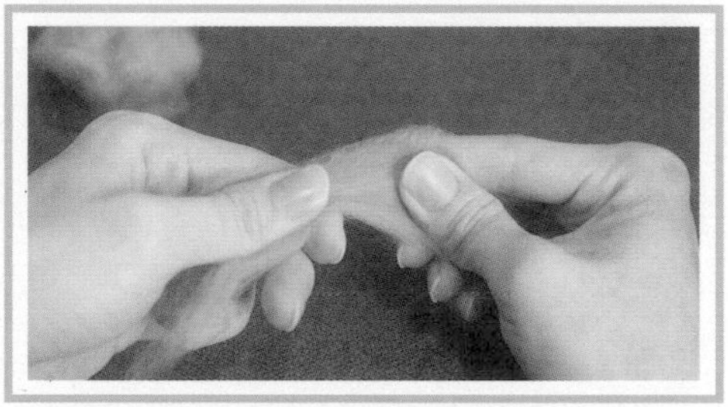

1 對照頭部版型的長度撕取所需要的羊毛。 **2** 將羊毛捲到比1:1版型略大一點。

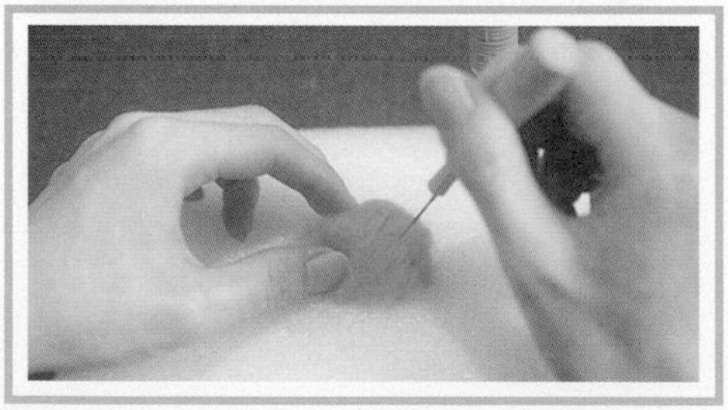

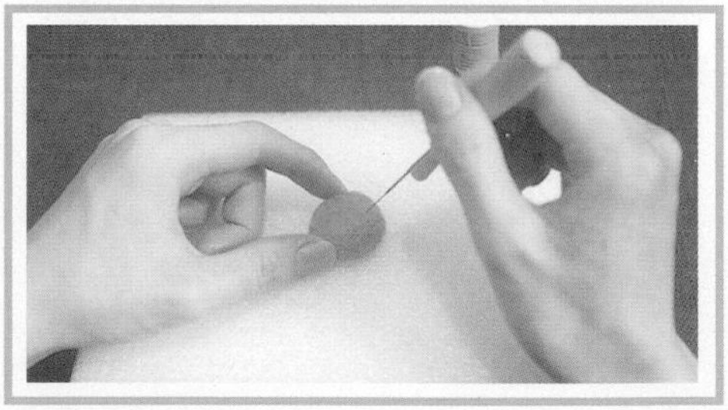

3 不斷翻轉羊毛同時用粗針、中針不斷戳、製作時請反覆比對1:1比列版型、若偏小則再加羊毛繼續戳大。**4** 最後形成一個緊實的球體。

加油！
任務快完成了！

製作耳朵

快要可以看到
冒險兔了！
好開心喔～

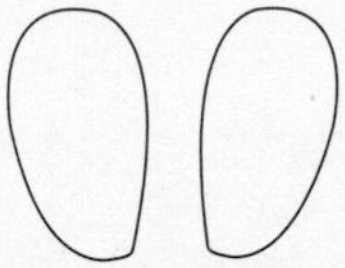

耳朵(2個)
正面&側面
厚度相同

版型比列為1:1
製作時請反覆比對。

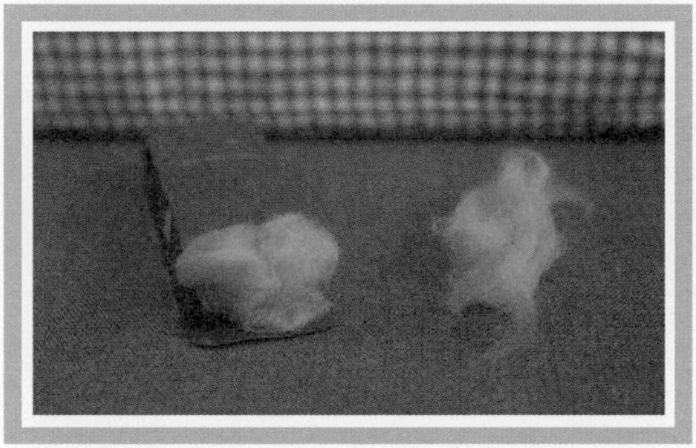

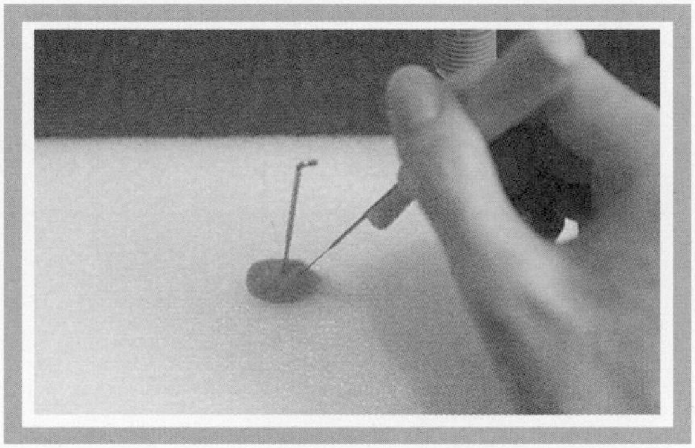

1 對照耳朵版型的長度撕取所需要的羊毛。 **2** 將羊毛捲到比1:1版型略大一點。

3 不斷翻轉羊毛同時用粗針、中針不斷戳、製作時請反覆比對1:1比列版型、若偏小則再加羊毛繼續戳大。

接合頭部與耳朵

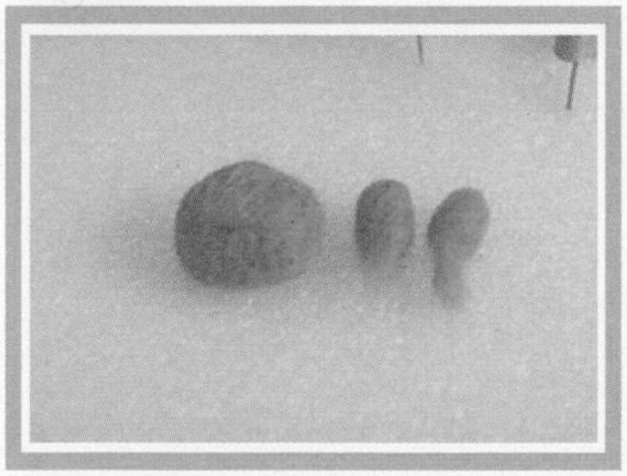

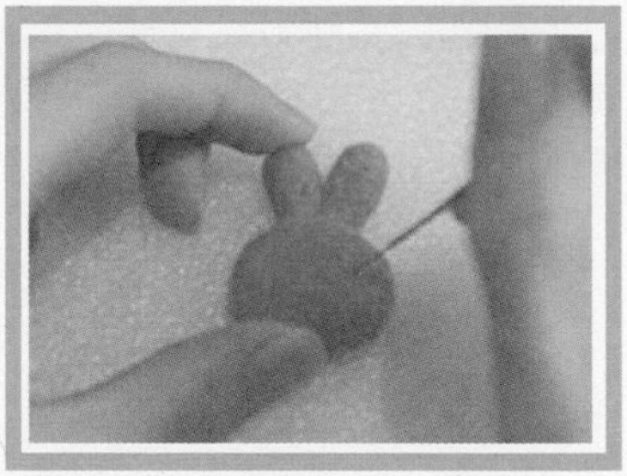

1 參照成品圖將耳朵對準與頭部的接合處固定。

2 相同作法接合另一隻耳朵。

拯救
冒險兔

加上眼睛

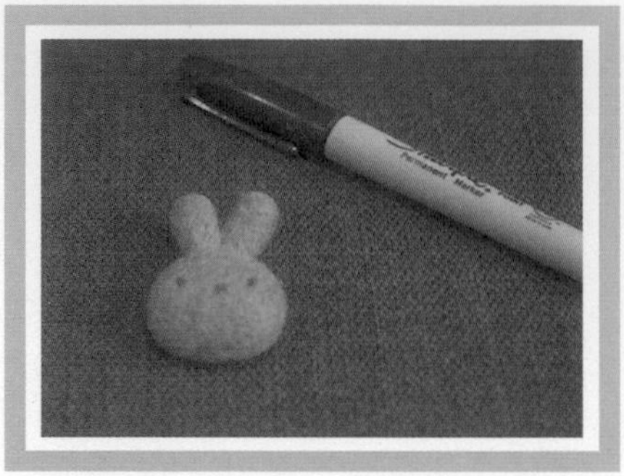
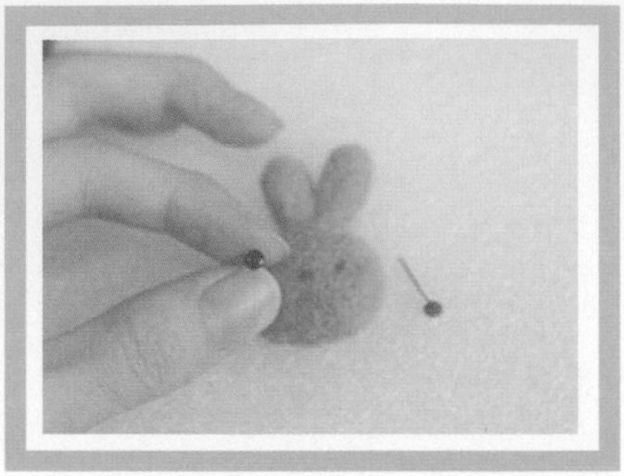

1 找到眼睛位置、先用筆畫上記號、再用戳針或錐子戳出一個小洞將眼睛置入。

加上鼻子

冒險兔謝謝你
每天都提醒我
要記得微笑～

厚2mm

版型比列為1:1
製作時請反覆比對。

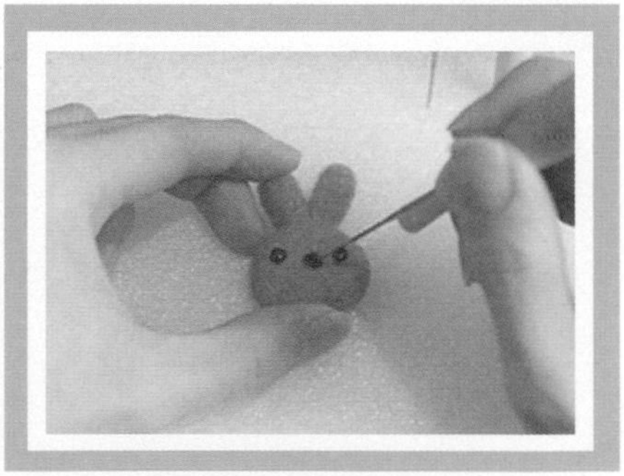

1 取少量黑色羊毛、放在工作墊上輕輕戳出鼻子形狀。

2 放在嘴部與鼻頭位置固定。

■
拯救成功！

加上鼻子下方線條和嘴線

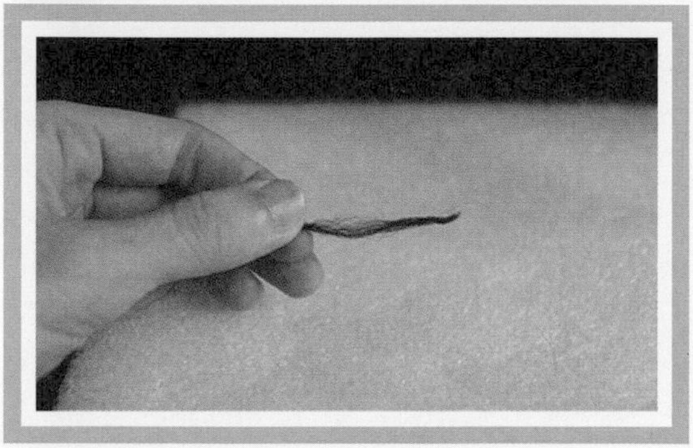

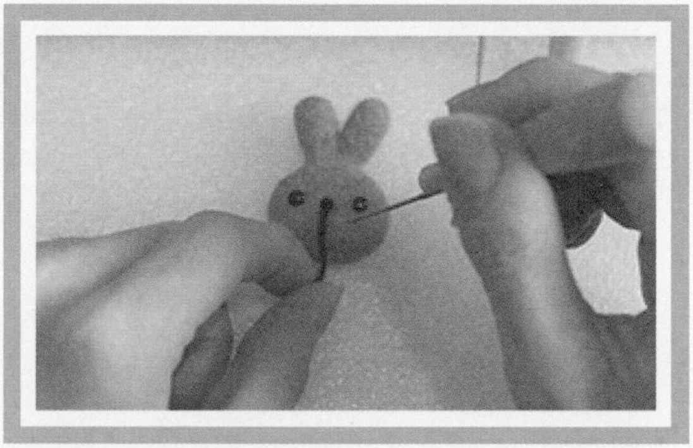

1 將黑色羊毛、以手指捻成細線。

2 放在嘴部與鼻頭的位置固定、仔細固定調成直線條、以相同作法做出下嘴線、嘴角兩端較細。

加上腮紅

厚2mm

版型比列為1:1
製作時請反覆比對。

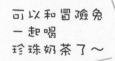

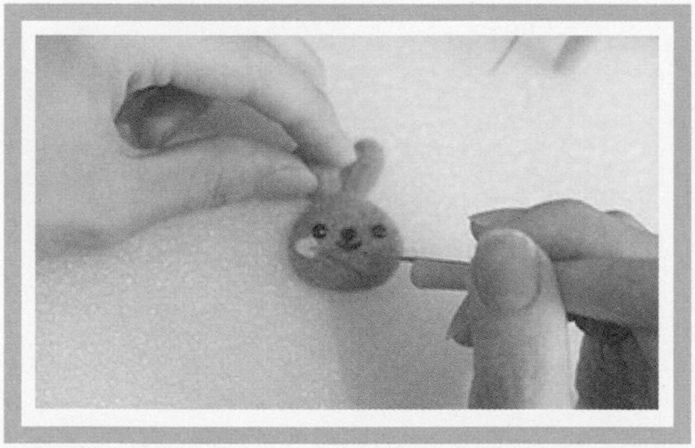

1 將粉紅色羊毛、以手指捻成粉紅色圓球。

2 參照成品圖將腮紅對準接合處固定。

拯救
酷酷熊

愛幸福羊毛/色號/需要份量（可自行挑選喜歡的顏色）

11 主色/3g **06** 配色/少量 **31** 白色/少量 **38** 黑色/少量

製作頭部

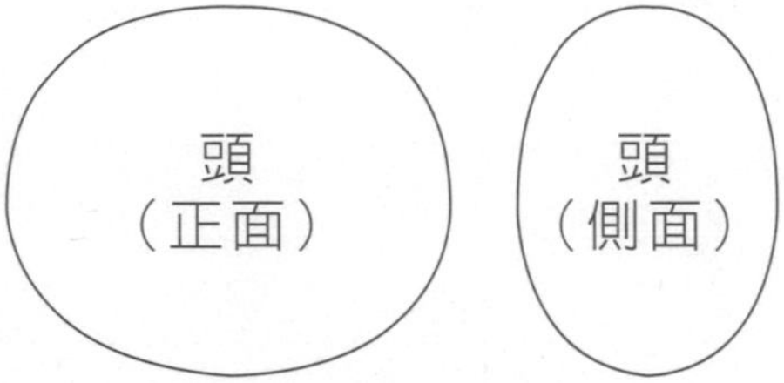

版型比列為1:1
製作時請反覆比對。

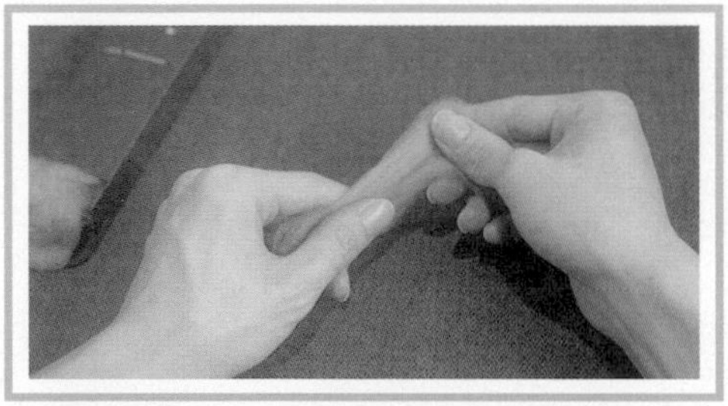

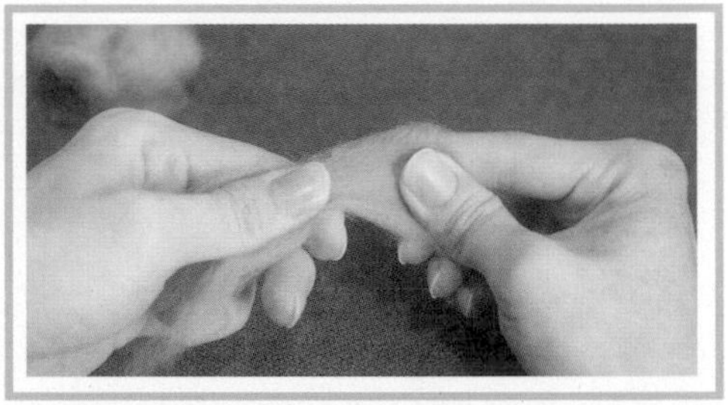

1 對照頭部版型的長度撕取所需要的羊毛。 **2** 將羊毛捲到比1:1版型略大一點。

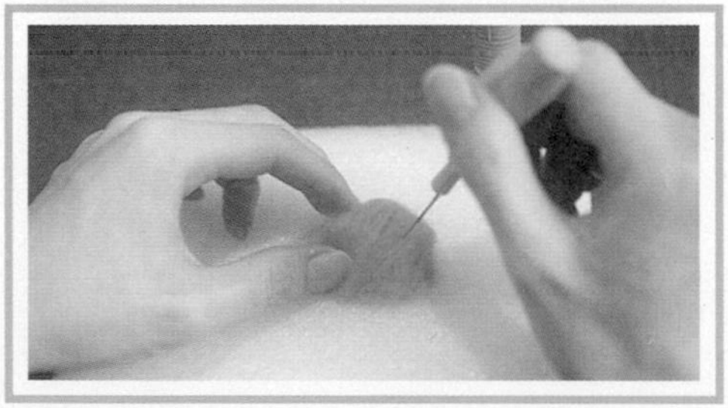

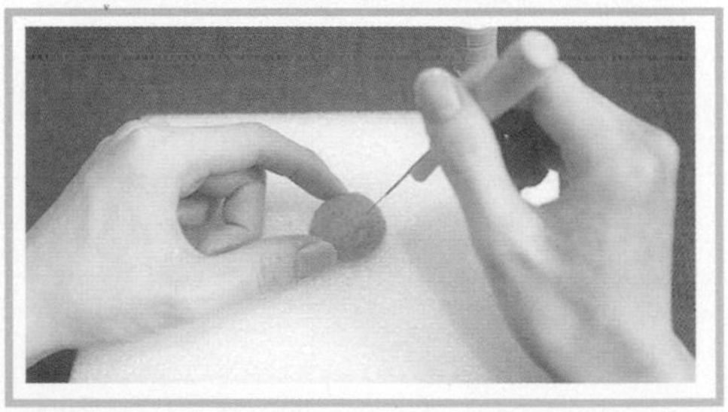

3 不斷翻轉羊毛同時用粗針、中針不斷戳、製作時請反覆比對1:1比列版型、若偏小則再加羊毛繼續戳大。**4** 最後形成一個緊實的球體。

拯救成功！

加油！
任務快完成了！

製作耳朵

酷酷熊：
今天的點心是
煉乳舒芙蕾

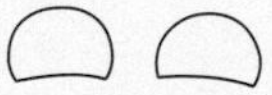

耳朵(2個)
正面&側面
厚度相同

版型比列為**1:1**
製作時請反覆比對。

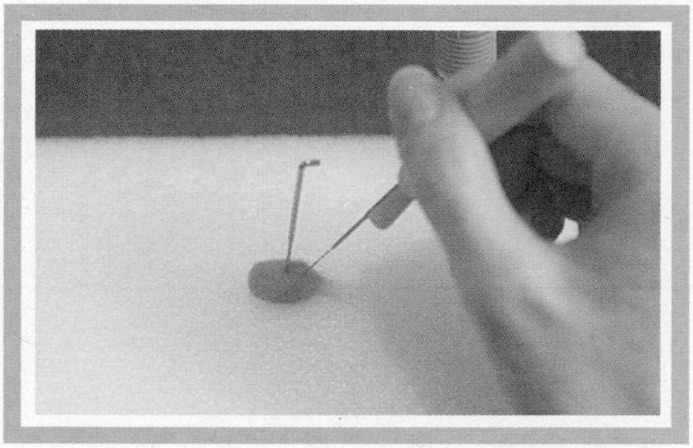

1 對照耳朵版型的長度撕取所需要的羊毛。

2 將羊毛捲到比1:1版型略大一點。

3 不斷翻轉羊毛同時用粗針、中針不斷戳、製作時請反覆比對1:1比列版型、若偏小則再加羊毛繼續戳大。

接合頭部與耳朵

1 參照成品圖將耳朵對準與頭部的接合處固定。

拯救
酷酷熊

加上鼻子

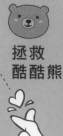

白色厚2mm　黑色厚2mm

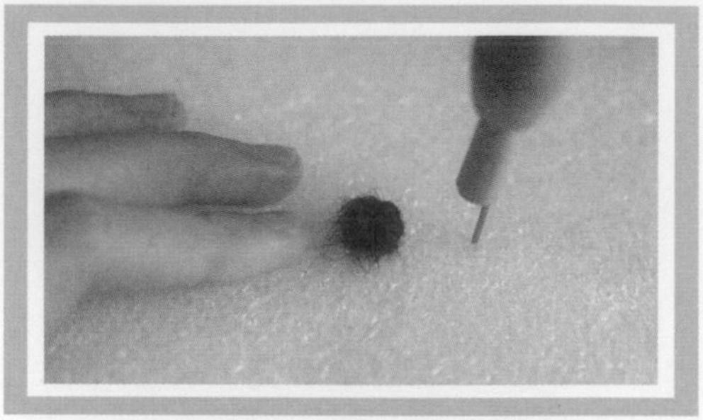

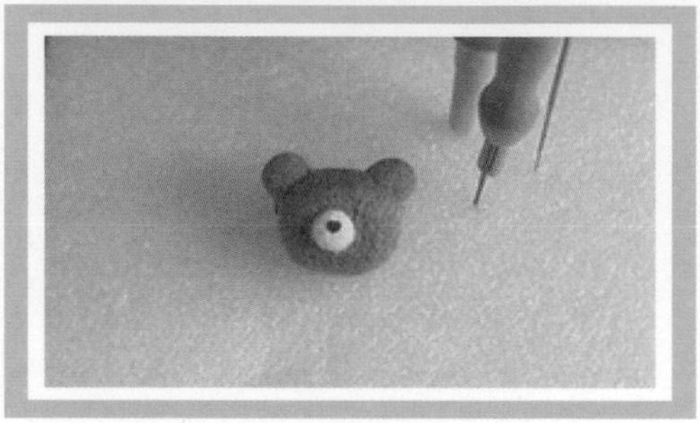

1 對照鼻子版型的長度撕取所需要的羊毛、放在工作墊上輕輕戳出鼻子形狀、白色黑色各一個。

2 放在嘴部與鼻頭位置固定。

加上鼻子下方線條和嘴線

1 將黑色羊毛、以手指捻成細線。**2** 放在嘴部與鼻頭的位置固定、仔細固定調成直線條以、相同作法做出下嘴線、嘴角兩端較細。

拯救成功！

拯救成功！

加上眼睛

1 找到眼睛位置、先用筆畫上記號、再用戳針或錐子戳出一個小洞將眼睛置入。

加上腮紅

厚2mm　版型比列為1:1、製作時請反覆比對。

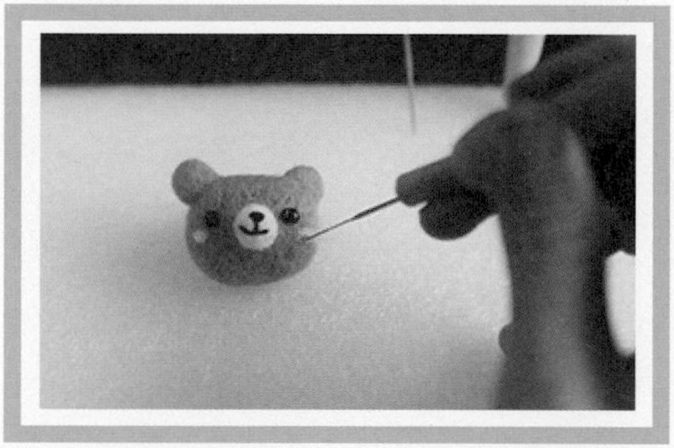

1 將粉紅色羊毛、以手指捻成粉紅色圓球。

2 參照成品圖將腮紅對準接合處固定。

愛幸福羊毛/色號/需要份量（可自行挑選喜歡的顏色）

11 主色/3g　**06** 配色/少量　**31** 白色/少量　**38** 黑色/少量

製作頭部

版型比列為1:1
製作時請反覆比對。

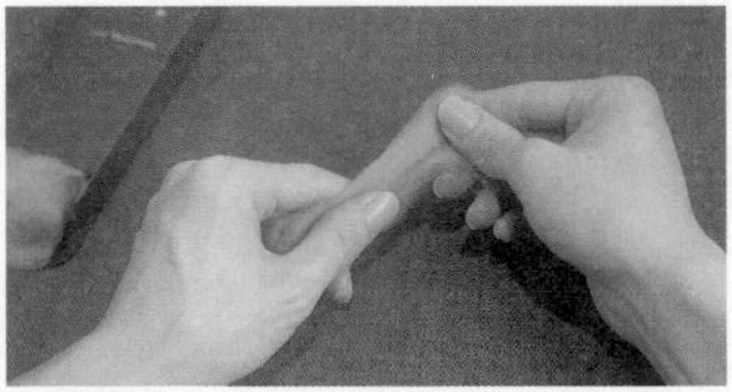

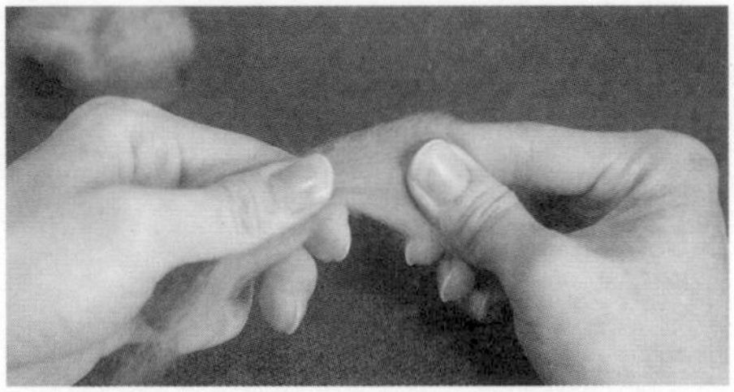

1 對照頭部版型的長度撕取所需要的羊毛。 **2** 將羊毛捲到比1:1版型略大一點。

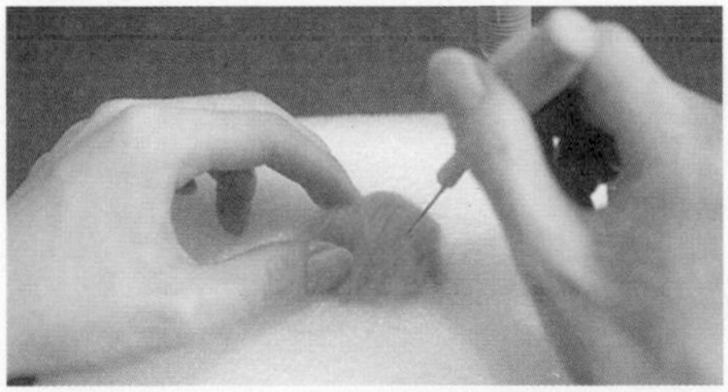

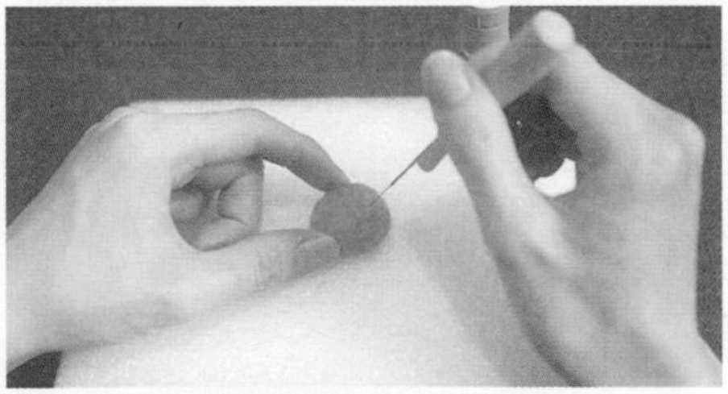

3 不斷翻轉羊毛同時用粗針、中針不斷戳、製作時請反覆對比1:1比列版型、若偏小則再加羊毛繼續戳大。**4** 最後形成一個緊實的球體。

拯救
善良企鵝

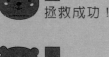

拯救成功！

拯救成功！

加油！
任務快完成了！

製作臉部

善良企鵝：
你在哪裡？
我要來救你了～

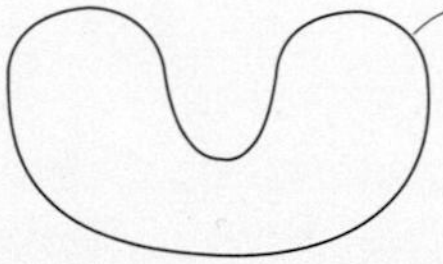

厚2mm

版型比列為1:1
製作時請反覆比對。

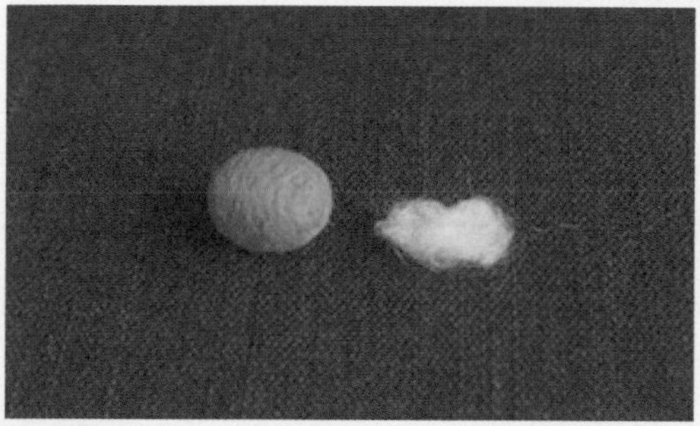

1 對照臉部版型的長度撕取所需要的羊毛、放在工作墊上輕輕戳出臉部形狀。

加上眼睛

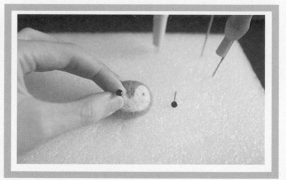

1 找到眼睛位置、先用筆畫上記號、再用戳針或錐子戳出一個小洞將眼睛置入。

拯救
善良企鵝

製作鼻子

準備三角旗
迎接善良企鵝～

厚2mm 版型比列為1:1
製作時請反覆比對。

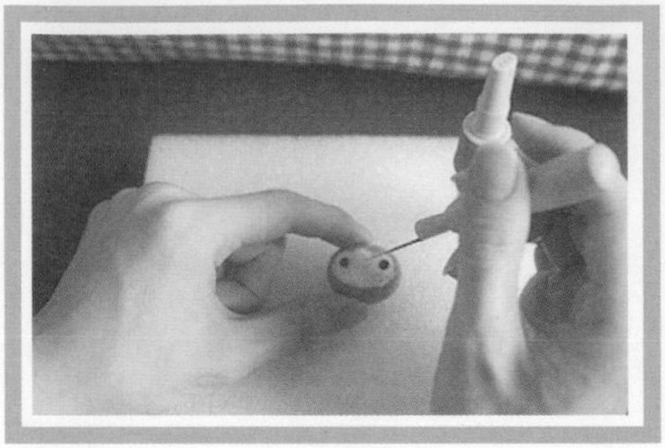

1 對照頭部版型的長度撕取所需要的羊毛。 **2** 將羊毛捲到比1:1版型略大一點。

加上腮紅

厚2mm 版型比列為1:1、製作時請反覆比對。

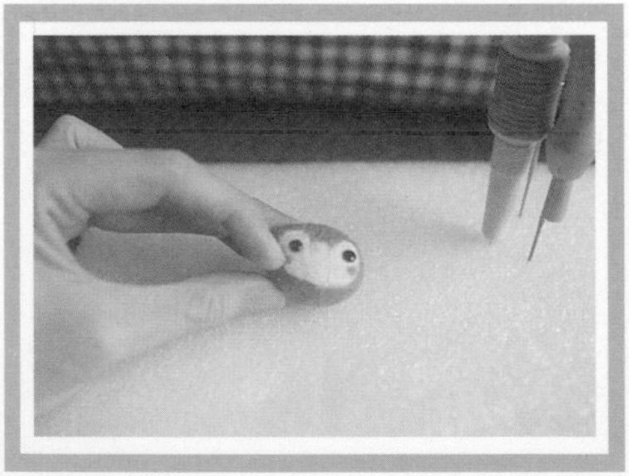

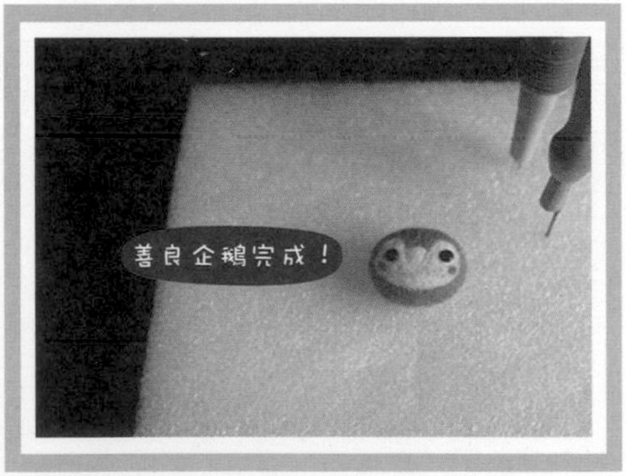

1 將粉紅色羊毛、以手指捻成粉紅色圓球。 **2** 參照成品圖將腮紅對準接合處固定。

拯救成功！

拯救成功！

拯救成功！

● 以下商品可至以下網址購買：shopee.tw/mimiyu0315

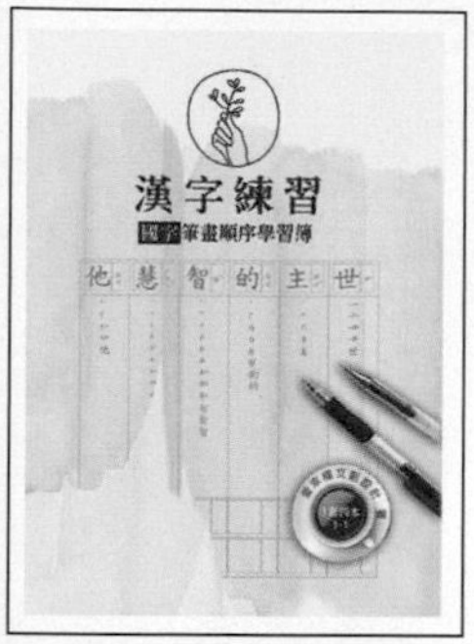

漢字練習 壹
國字筆畫順序學習簿
一套四本/定價299元

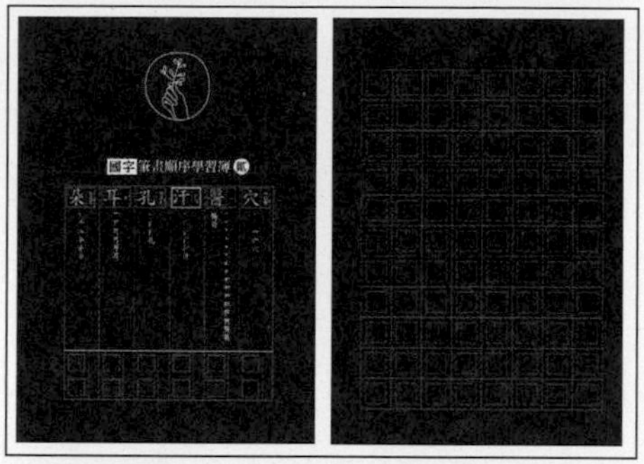

漢字練習 貳 國字筆畫順序學習簿
鋼筆專用紙
一套兩本/定價149元

幸福兔行事曆
鋼筆專用紙
定價149元

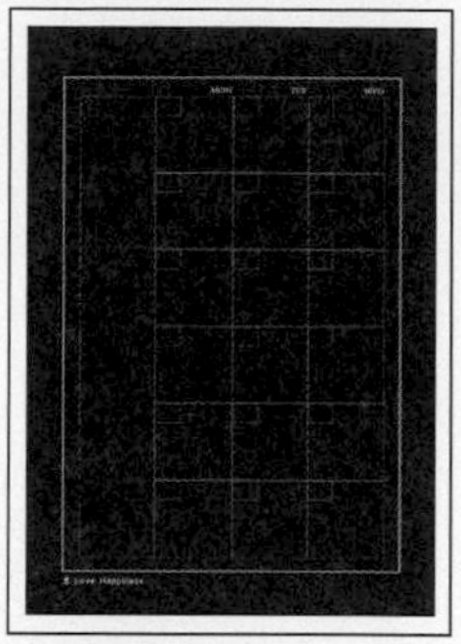

幸福兔筆記本
鋼筆專用紙
一本/定價149元

幸福兔的羊毛氈大冒險 初階 3-1

作　　者　余小敏
美編設計/攝影　余小敏
發 行 人　愛幸福文創設計
出 版 者　愛幸福文創設計
新北市板橋區中山路一段160號
發行專線　0936-677-482
匯款帳號　國泰世華銀行(013)
045-50-025144-5
代 理 商　白象文化事業有限公司
401台中市東區和平街228巷44號
電話　04-22208589

印　　刷　卡之屋網路科技有限公司
初版一刷　2020年4月
定　　價　一套三本　新台幣299元

蝦皮購物網址
shopee.tw/mimiyu0315

若有大量購書需求，請與客戶服務中心聯繫。

客戶服務中心

地　　址：22065新北市板橋區中山路一段160號
電　　話：0936-677-482
服務時間：週一至週五9:00-18:00
E-mail：mimi0315@gmail.com

幸福兔和他的好朋友

羊毛氈大魔王將幸福兔的好朋友全都隱形了
沒有朋友的日子就像沒了好心情
跟著幸福兔、一起來場羊毛氈大冒險吧！！

親手
做禮物～

這一關
要拯救：

冒險兔
聰明勇敢、對於
任何事情
都不畏懼。

酷酷熊
獨立自主、很多
小女生都偷偷
仰慕著。

善良企鵝
頑皮迷糊不記仇
有很多的朋友。

享受手作
的樂趣～

可愛小動物
超療癒！

跟著做就
好了呦！

羊毛氈
充滿溫度
的觸感

《幸福兔的羊毛氈大冒險（1套3本）》
2 428915 800696 NT$299
代理經銷：白象文化事業有限公司
一套三本 定價299元